VERGNÜGEN DER AUGEN UND DES GEMÜTHS

贝 壳 之 美

IN VORSTELLUNG EINER ALLGEMEINEN SAMMLUNG VON MUSCHELN UND ANDERN GESCHÖPFEN WELCHE IM MEER GEFUNDEN WERDEN

GEORG WOLFGANG KNORR

[德]格奥尔格·沃尔夫冈·克诺尔 编著

张小鹿 译

江苏凤凰文艺出版社
JIANGSU PHOENIX LITERATURE AND
ART PUBLISHING

图书在版编目（CIP）数据

贝壳之美 / (德) 格奥尔格·沃尔夫冈·克诺尔编著；
张小鹿译 . —— 南京：江苏凤凰文艺出版社，2023.8 (2024.6 重印)
　　ISBN 978-7-5594-7181-9

　　Ⅰ . ①贝… Ⅱ . ①格… ②张… Ⅲ . ①贝类 – 画册
Ⅳ . ① Q959.215-44

中国国家版本馆 CIP 数据核字 (2023) 第 068638 号

贝壳之美

[德] 格奥尔格·沃尔夫冈·克诺尔 编著 张小鹿 译

策 　 划	尚 　飞	
责任编辑	曹 　波	
特约编辑	何子怡	
内文制作	李 　佳	
装帧设计	墨白空间·李 易	
出版发行	江苏凤凰文艺出版社	
	南京市中央路 165 号，邮编：210009	
网 　 址	http://www.jswenyi.com	
印 　 刷	天津裕同印刷有限公司	
开 　 本	787 毫米 × 1092 毫米 1/32	
印 　 张	6.625	
字 　 数	85 千字	
版 　 次	2023 年 8 月第 1 版	
印 　 次	2024 年 6 月第 2 次印刷	
书 　 号	ISBN 978-7-5594-7181-9	
定 　 价	98.00 元	

· 序言 ·

我们这个时代的博物学家力求使博物学尽善尽美。从蠕虫到最重要的生物——人类，与之相关的科学都体现着博物学家的不懈努力。这被自然界的诸多现象、事物所印证。从大地上的尘埃到钻石，从黎巴嫩雪松到长在墙根的神香草，最伟大的人以极大的热情投入研究工作，他们的贡献丰富了我们的时代。

然而，目前仍然存在一些我们还不够了解的，与博物学相关的事物。这种深入的认知似乎难以实现，因为这种自然之美只能凭借偶然获得，无论是凭借技艺还是人类的努力都可能无功而返。不过，丰富的植物、动物以及其他自然界的事物，能够带来实现深入认知的可能。

这些仅仅出于机缘巧合存留下来的生物，是海洋里绝美的栖息者，它们那由造物主用极致的美学装饰的居所使我们无比陶醉。但是它们自身的外表以及繁衍过程似乎又呈现出这样的特性：它们并非来自绝对的偶然。它们的外表或多或少地使我们感到愉悦，我们也可以从这些看似软弱无力的生物中窥见一个由色彩、结构以及与之相关的存在于这些生物之中的不可思议的秩序所组成的难以言表的奇迹。诚然，人们会问，既然这些颠沛流离的物种被造物主放在了这样一个不为人类所见的生存环境中，那又为何会（以及从何时起）被造物主赐予了如此美丽的外壳呢？

在自然科学的这一部分，目前我们还没有太多的著作；尽管不可否认，过去的时代有许多学者致力于此，包括格斯纳、阿尔德罗万迪、因佩拉托、博南尼、伦菲乌斯、利斯特、朗[*] 等等。然而他们的著作很罕见，其中一些甚至相当珍贵，因为它们与其他领域相关，而非出于研究博物学的目的。其中的一部分在漫长的时间中散佚，即使花大价钱也无法得到，只能凭运气获得。

如果把这一系列作品放在一起研究，根据实物加以改进，并以彩色画作的形式呈现，将有助于弥补这一不足。这是我着手付诸实践的想法（然而并非是全新的想法，12年前我已经打算创作一部这样的作品，尽管尺寸不同，正如当时制作的图版所显示的那样，但一切受时间以及特殊情况所限），不过我很快确信，当我想以博南尼或上述其他作者的作品为参考基础时，出现了些许困难，与我的意图不尽一致。我发现这些非常罕见的作品的完成度相当糟糕，有些图案甚至失真。更纯粹的思考让我产生了这样的想法：根据实物描绘的新作品，而不是那些被他人重复制作过的，或者已经在过去的时代中流传过的作品，更可能使爱好者感到无比愉悦。

出于这个目的，我决心创作出一部与以前的任何作品都没有联系的全新作品。这部作品版面错落有致，以美观为主，尽可能地展示这些生物的居所。

在此，我将提供一本带插图的贝壳书。据我所知，还没有这样的出版物。唯一需要提醒的是，由于篇幅所限，描述中将省略一切多余的内容。

格奥尔格·沃尔夫冈·克诺尔
1756年11月4日于纽伦堡

---

*康拉德·格斯纳（Conrad Gessner，1516—1565），瑞士博物学家。

乌利塞·阿尔德罗万迪（Ulisse Aldrovandi，1522—1605），意大利博物学教授、科学家。

费兰特·因佩拉托（Ferrante Imperato，1525?—1615?），意大利博物学家、药剂师。

菲利波·博南尼（Filippo Bonanni，1638—1725），意大利历史学家、生物学家。

格奥尔格·埃伯哈德·伦菲乌斯（Georg Eberhard Rumphius，1627—1702），德国植物学家。

马丁·利斯特（Martin Lister，1639—1712），英国医生、博物学家。

卡尔·尼古劳斯·朗（Karl Nikolaus Lang，1670—1741），瑞士医生、博物学家。

目录

海中的螺与贝

第一章

本章由格奥尔格·沃尔夫冈·克诺尔于纽伦堡编纂

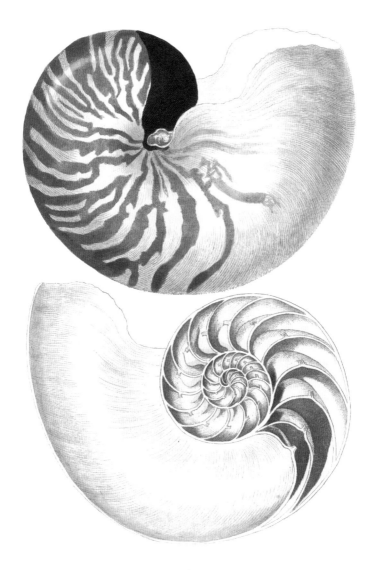

图 1

格奥尔格·沃尔夫冈·克诺尔于纽伦堡制作

图 2

格奥尔格·沃尔夫冈·克诺尔于纽伦堡制作

图 3

格奥尔格·沃尔夫冈·克诺尔于纽伦堡制作

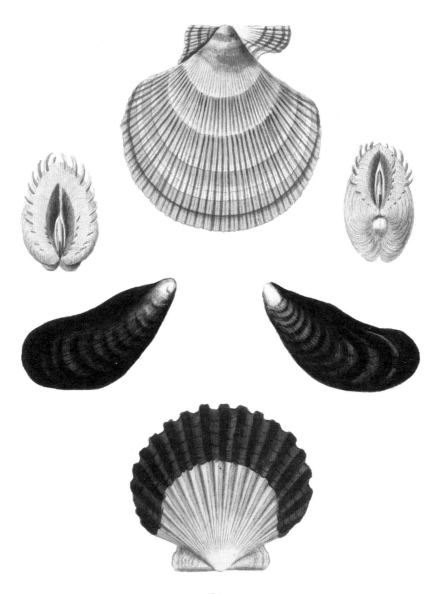

图 4

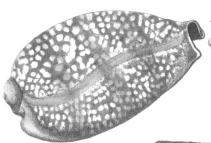 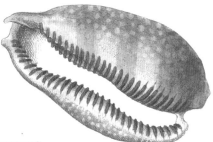

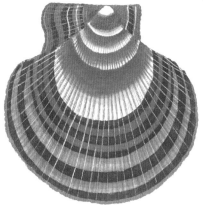

图 5

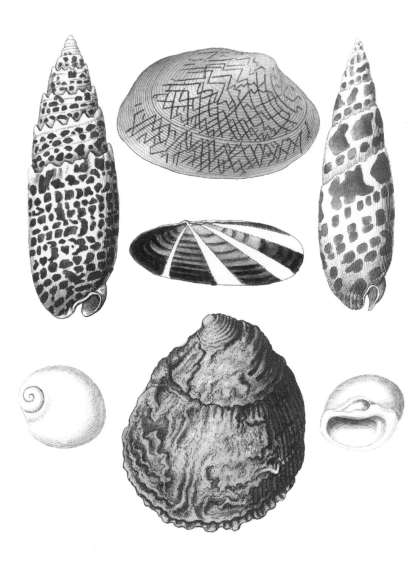

图 6

图 7

格奥尔格·沃尔夫冈·克诺尔于纽伦堡制作

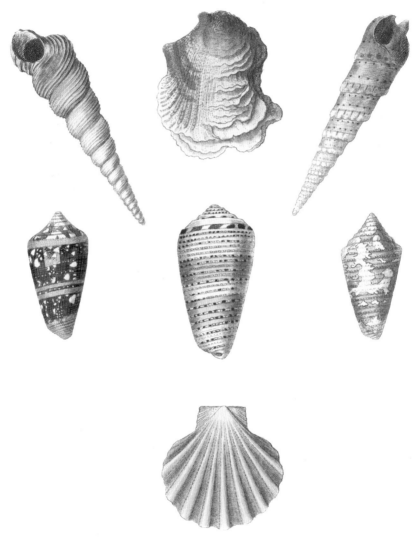

图 8

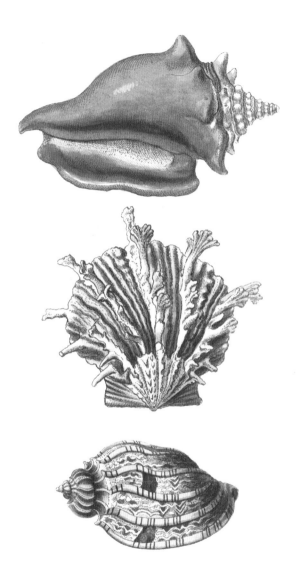

图 9

11

图 10

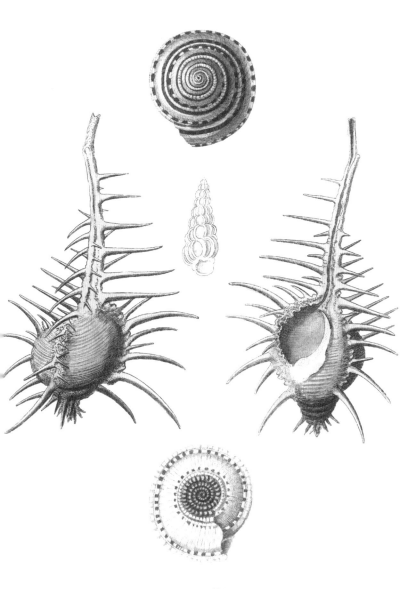

图 11

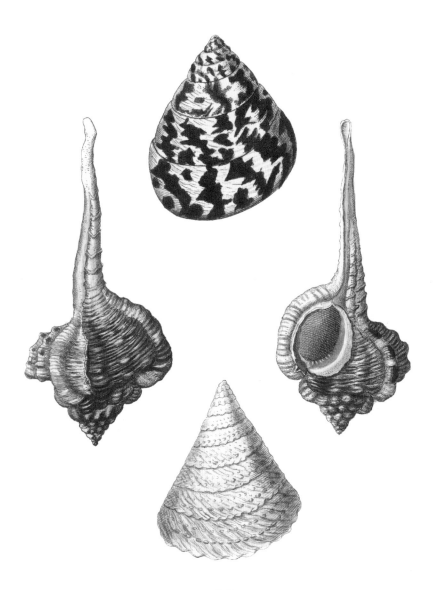

图 12

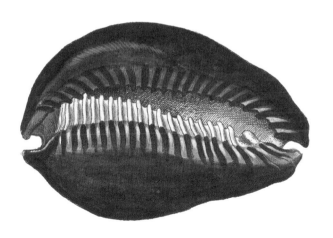

图 13

图 14

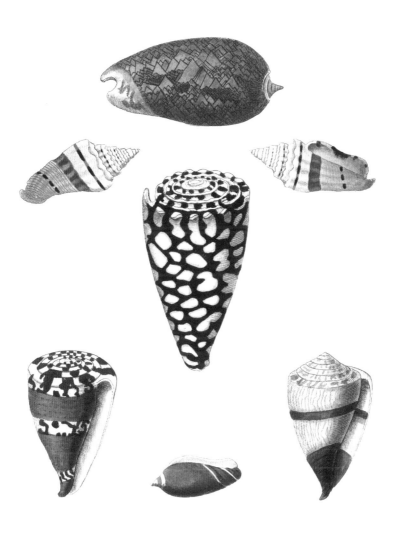

图 15

17

图 16

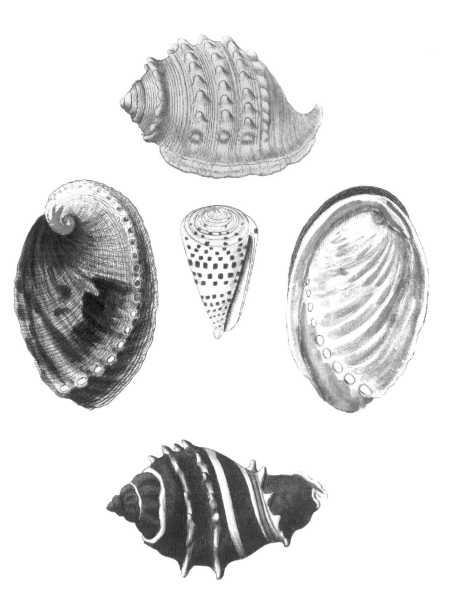

图 17

图 18

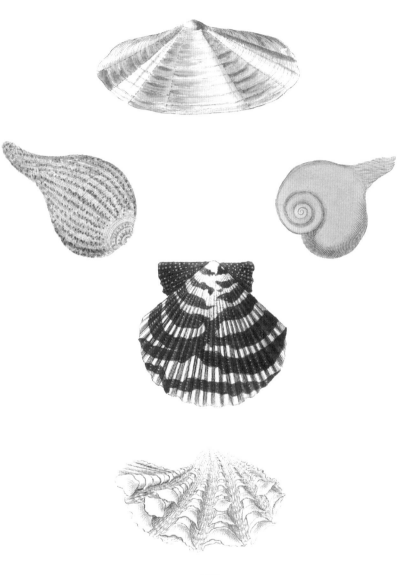

图 19

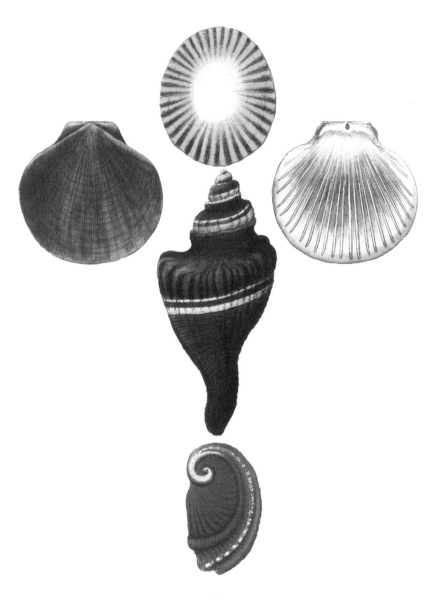

图 20

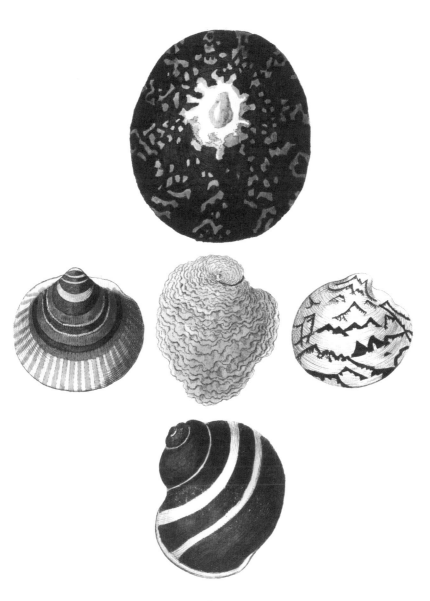

图 21

图 22

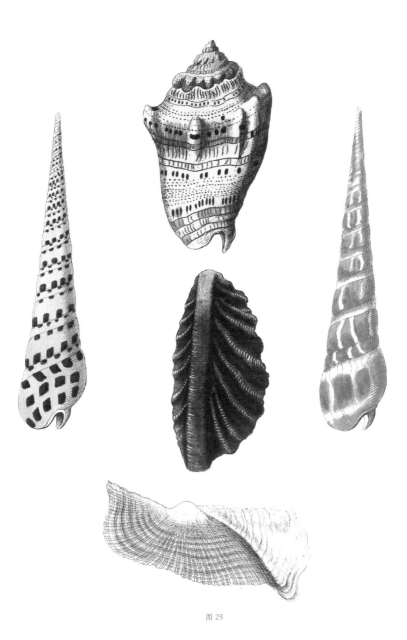

图 23

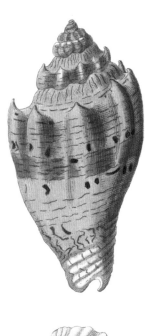

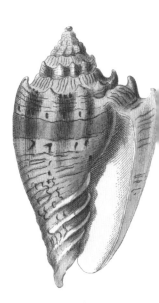
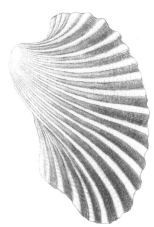
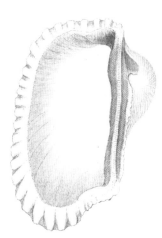

图 24

图 25

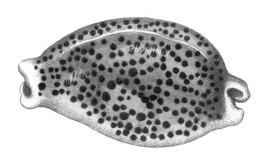

图 26

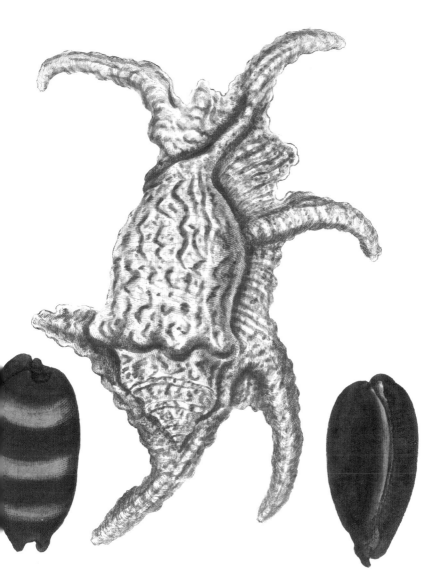

图 27

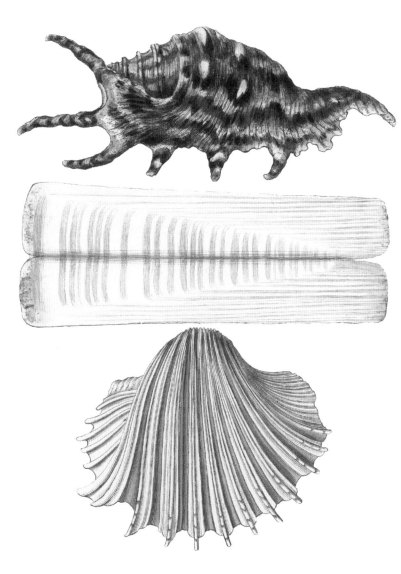

图 28

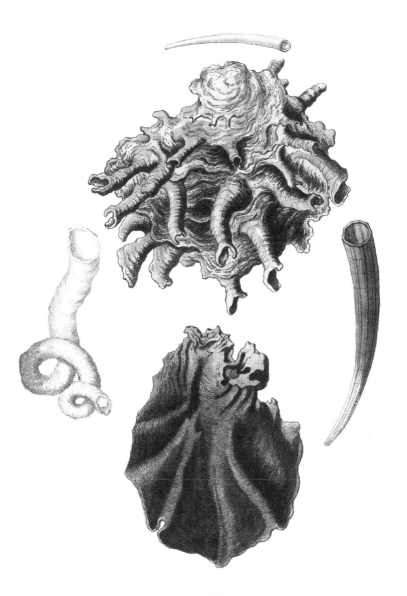

图 29

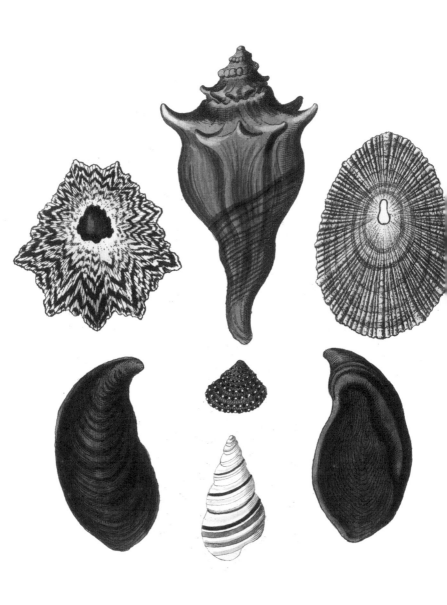

图 30

海中的螺与贝

第二章

本章由格奥尔格·沃尔夫冈·克诺尔于纽伦堡编纂

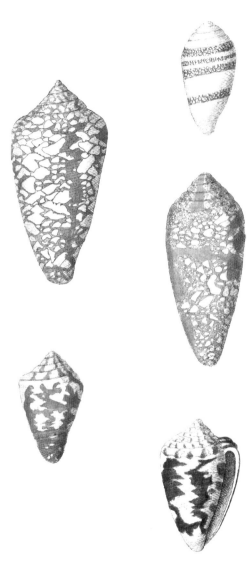

图 31

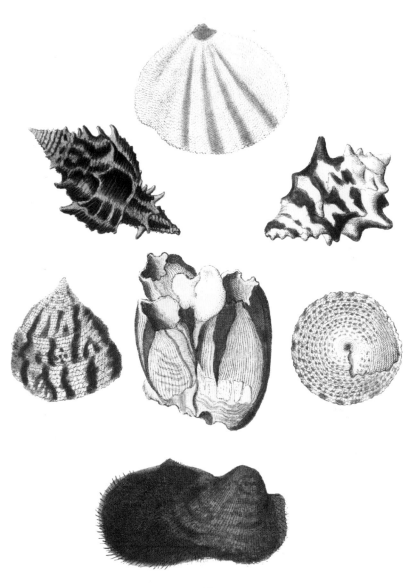

图 32

36

图 33

约翰·克里斯托夫·迪奇写生

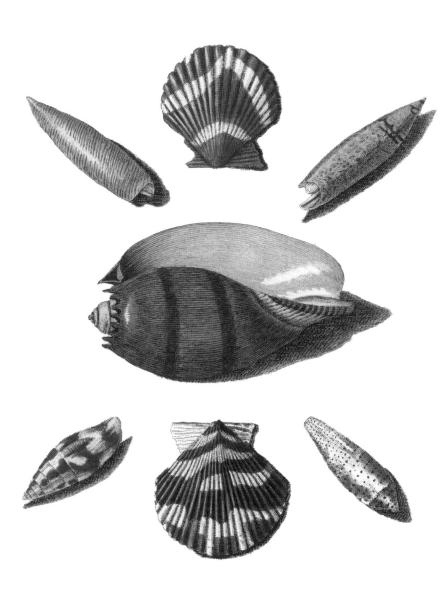

图 34

约翰·克里斯托夫·迪奇写生

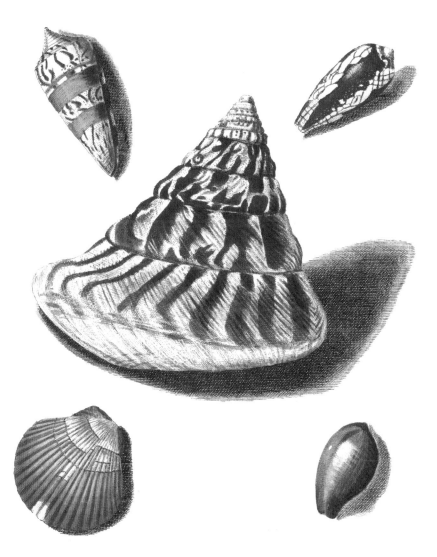

图 35

出自沙德洛克的收藏

约翰·康拉德·克勒曼写生

图 36

出自沙德洛克的收藏

约翰·康拉德·克勒曼写生

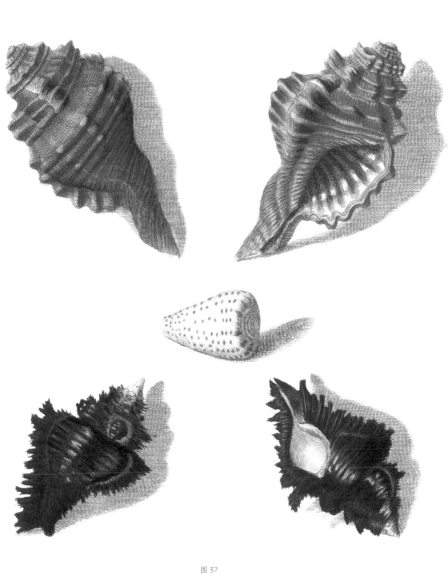

图 37

出自沙德洛克的收藏
约翰·康拉德·克勒曼写生

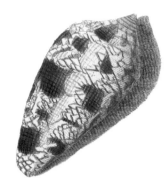

图 38

出自沙德洛克的收藏

约翰·康拉德·克勒曼写生

图 39

约翰·克里斯托夫·迪奇写生

图 40
出自沙德洛克的收藏
约翰·康拉德·克勒曼写生

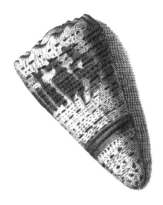
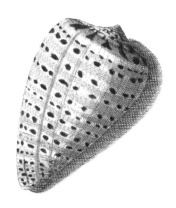

图 41

出自沙德洛克的收藏

约翰·康拉德·克勒曼写生

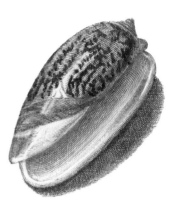

图 42

出自沙德洛克的收藏

克里斯托夫·尼古劳斯·克勒曼写生

46

图 43

出自沙德洛克的收藏

克里斯托夫·尼古劳斯·克勒曼写生

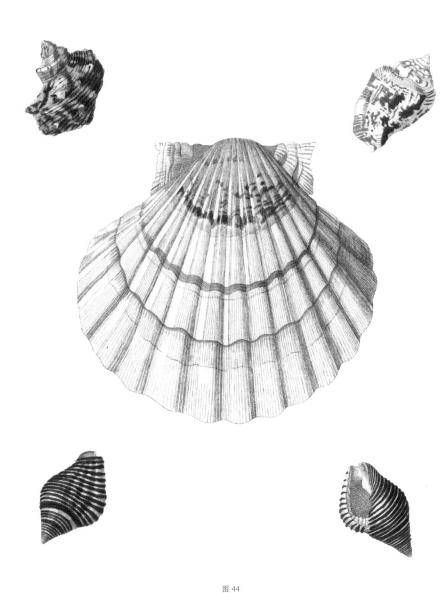

图 44

出自沙德洛克的收藏
约翰·克里斯托夫·凯勒写生

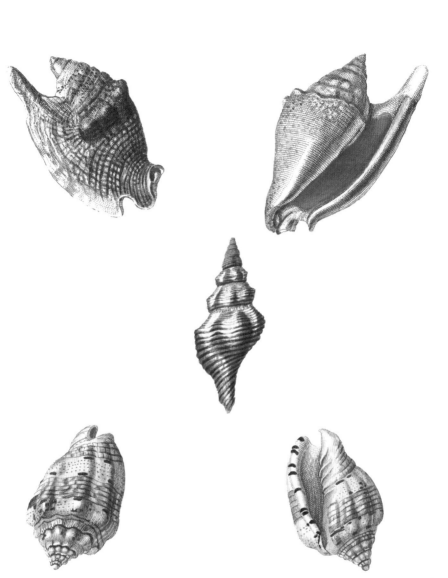

图 45
出自沙德洛克的收藏
约翰·克里斯托夫·凯勒写生

49

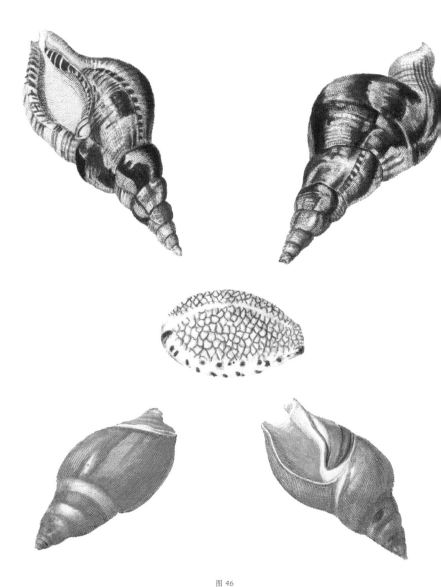

图 46

出自沙德洛克的收藏

克里斯托夫·尼古劳斯·克勒曼写生

图 47

出自沙德洛克的收藏

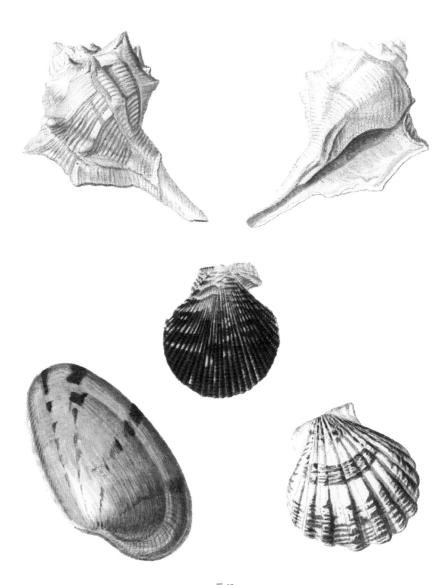

图 48

出自沙德洛克的收藏

克里斯托夫·尼古劳斯·克勒曼写生

图 49

出自沙德洛克的收藏
克里斯托夫·尼古劳斯·克勒曼写生

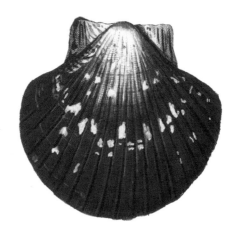

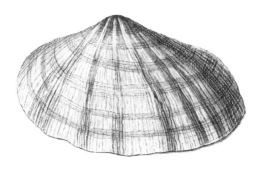

图 50

出自米勒的收藏

克里斯蒂安·莱因贝格尔写生

图 51
出自沙德洛克的收藏
古斯塔夫·菲利普·特劳特纳雕版

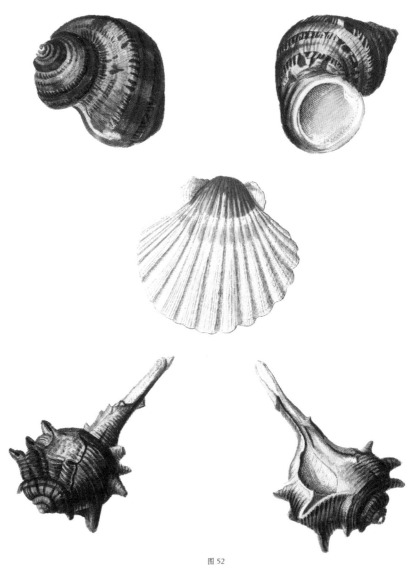

图 52

出自沙德洛克的收藏

克里斯托夫·尼古劳斯·克勒曼写生

图 53

图 53-1、图 53-6、图 53-7 出自菲利普·路德维希·斯塔提乌斯·米勒先生的收藏
图 53-2 至图 53-5 出自奥古斯特·马丁·沙德洛克先生的收藏

图 54

出自米勒与沙德洛克的收藏

图 55
图 55-1 至图 55-3 出自沙德洛克的收藏
图 55-4 出自米勒的收藏
约翰·克里斯托夫·凯勒写生
古斯塔夫·菲利普·特劳特纳雕版

图 56

图 56-1 、图 56-3、图 56-4 出自米勒的收藏
图 56-2 出自沙德洛克的收藏
约翰·克里斯托夫·凯勒写生
古斯塔夫·菲利普·特劳特纳雕版

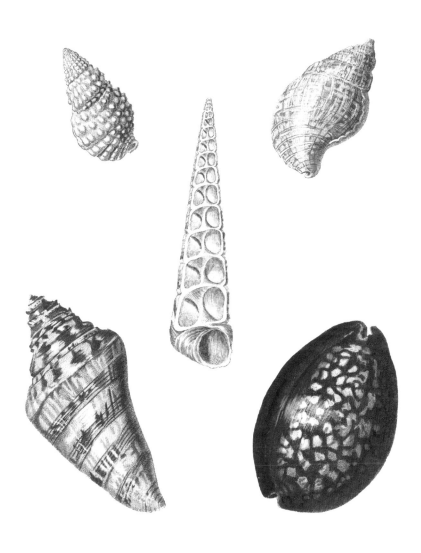

图 57

出自米勒的收藏

图 58

图 58-1、图 58-3、图 58-4 出自沙德洛克的收藏
图 58-2、图 58-5 出自米勒的收藏
约翰·克里斯托夫·凯勒写生
古斯塔夫·菲利普·特劳特纳雕版

图 59
出自米勒的收藏
约翰·克里斯托夫·凯勒写生
古斯塔夫·菲利普·特劳特纳雕版

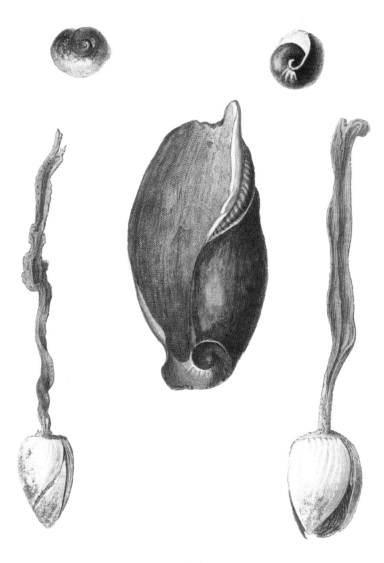

图 60

出自米勒的收藏

海中的螺与贝

第三章

本章由格奥尔格·沃尔夫冈·克诺尔
于 1768 年在纽伦堡编纂

本章首页图片由约翰·克里斯托夫·凯勒设计并绘制
安德烈亚斯·霍费尔雕版

图 61
出自沙德洛克与布赖恩的收藏
约翰·克里斯托夫·凯勒写生
古斯塔夫·菲利普·特劳特纳雕版

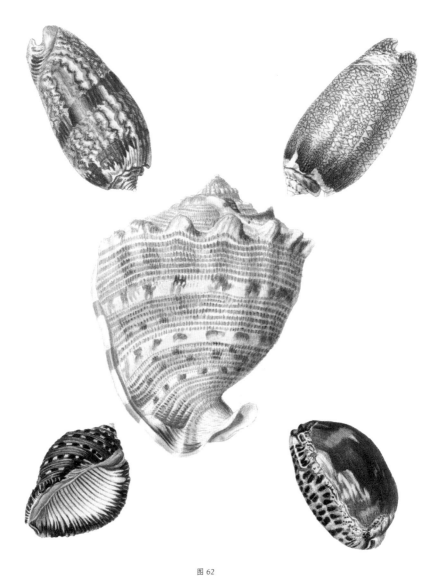

图 62

出自沙德洛克的收藏

约翰·克里斯托夫·凯勒写生

古斯塔夫·菲利普·特劳特纳雕版

图 63

出自沙德洛克的收藏

约翰·克里斯托夫·凯勒写生

古斯塔夫·菲利普·特劳特纳雕版

图 64

出自布赖恩与沙德洛克的收藏
安德烈亚斯·霍费尔雕版

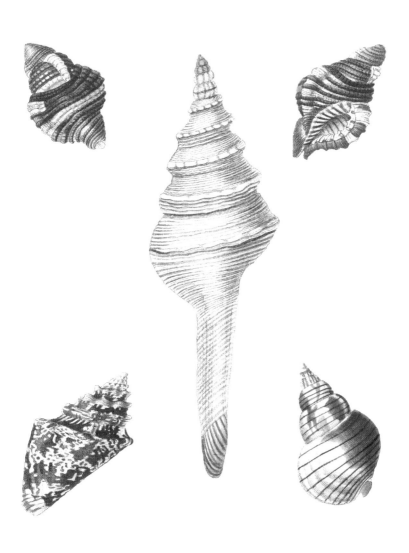

图 65

出自布赖恩与沙德洛克的收藏
约翰·克里斯托夫·凯勒写生
古斯塔夫·菲利普·特劳特纳雕版

71

图 66

出自菲利普·路德维希·斯塔提乌斯·米勒先生的收藏

约翰·克里斯托夫·凯勒写生

雅各布·安德烈亚斯·艾森曼制作

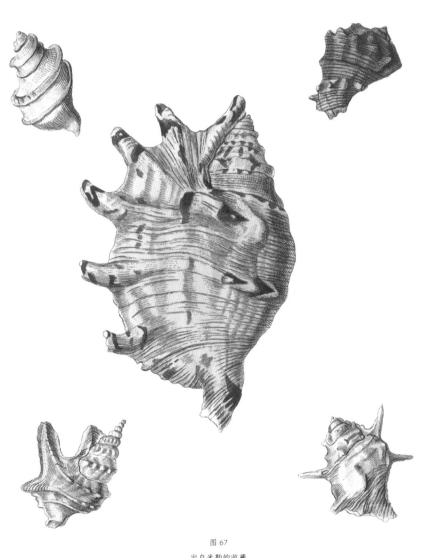

图 67

出自米勒的收藏

约翰·克里斯托夫·凯勒写生

雅各布·安德烈亚斯·艾森曼制作

图 68

出自米勒的收藏

约翰·克里斯托夫·凯勒写生

约翰·亚当·约宁格雕版

图 69
出自米勒的收藏
约翰·克里斯托夫·凯勒写生
约翰·亚当·约宁格雕版

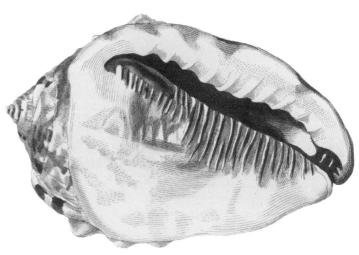

图 70

出自米勒的收藏

约翰·克里斯托夫·凯勒写生

雅各布·安德烈亚斯·艾森曼雕版

76

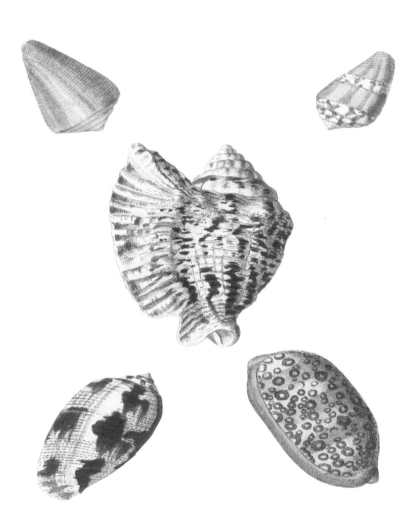

图 71

出自米勒的收藏

约翰·克里斯托夫·凯勒写生

古斯塔夫·菲利普·特劳特纳雕版

图 72

出自米勒的收藏

约翰·克里斯托夫·凯勒写生

古斯塔夫·菲利普·特劳特纳雕版

图 73

出自米勒的收藏

约翰·克里斯托夫·凯勒写生

古斯塔大·菲利普·特劳特纳雕版

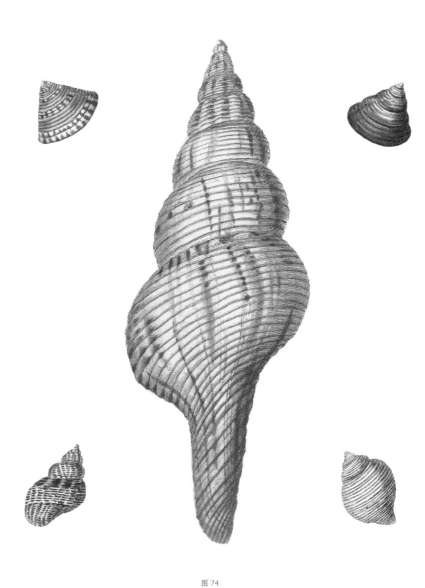

图 74
出自米勒的收藏
约翰·克里斯托夫·凯勒写生
保罗·屈大纳雕版

图 75

出自米勒的收藏

约翰·克里斯托夫·凯勒写生

瓦伦丁·比朔夫雕版

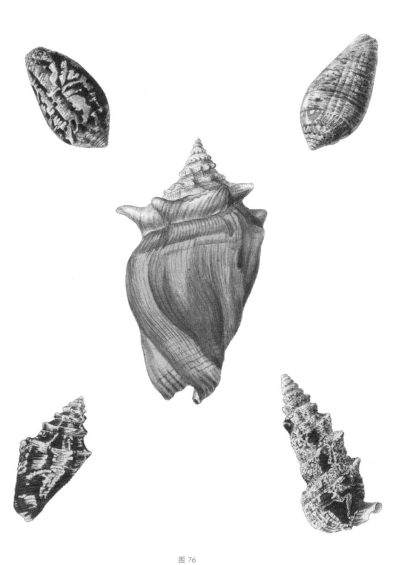

图 76

出自沙德洛克的收藏

约翰·克里斯托夫·凯勒写生

古斯塔夫·菲利普·特劳特纳雕版

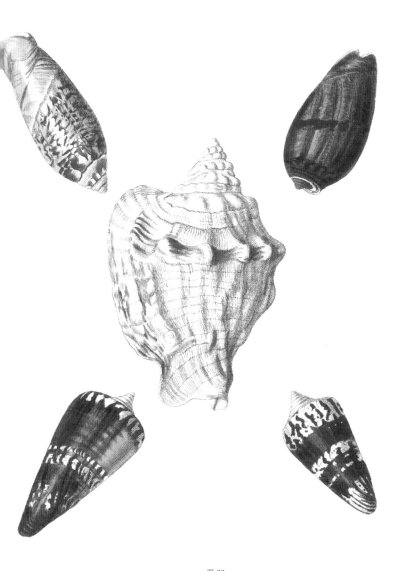

图 77
出自沙德洛克的收藏
约翰·克里斯托夫·凯勒写生
古斯塔夫·菲利普·特劳特纳雕版

图 78
出自沙德洛克的收藏
约翰·克里斯托夫·凯勒写生
赫尔曼·雅各布·蒂罗大雕版

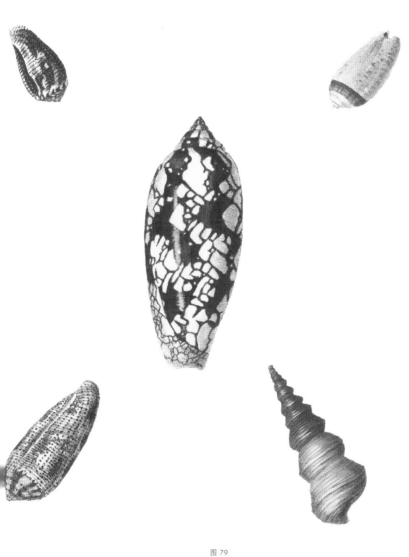

图 79
出自沙德洛克的收藏
约翰·克里斯托夫·凯勒写生
赫尔曼·雅各布·蒂罗夫雕版

图 80

出自沙德洛克的收藏
约翰·克里斯托夫·凯勒写生
瓦伦丁·比朔夫雕版

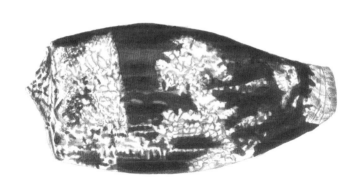

图 81

出自沙德洛克的收藏

约翰·克里斯托夫·凯勒写生

古斯塔夫·菲利普·特劳特纳雕版

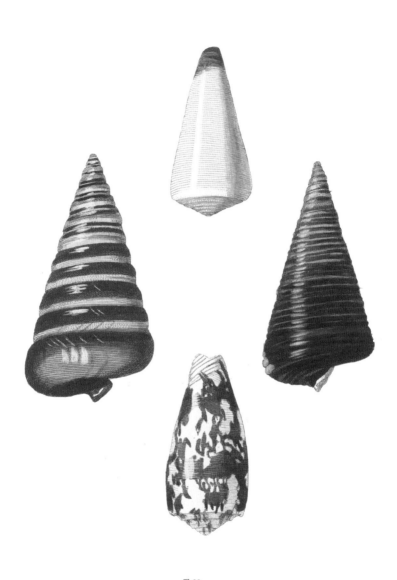

图 82

出自沙德洛克的收藏
约翰·克里斯托夫·凯勒写生
瓦伦丁·比朔夫雕版

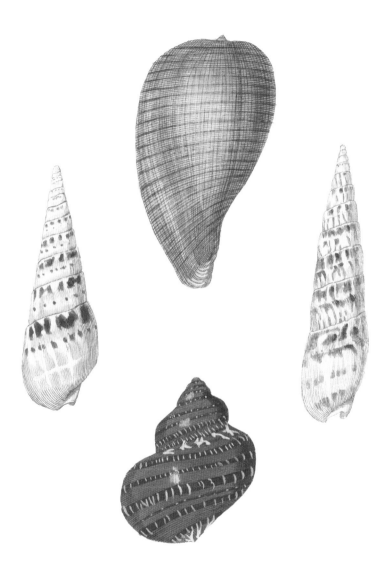

图 83

出自沙德洛克的收藏
约翰·克里斯托夫·凯勒写生
瓦伦丁·比朔夫雕版

图 84

出自沙德洛克的收藏

约翰·克里斯托夫·凯勒写生

古斯塔夫·菲利普·特劳特纳雕版

图 85
出自沙德洛克的收藏
约翰·克里斯托夫·凯勒写生
古斯塔夫·菲利普·特劳特纳雕版

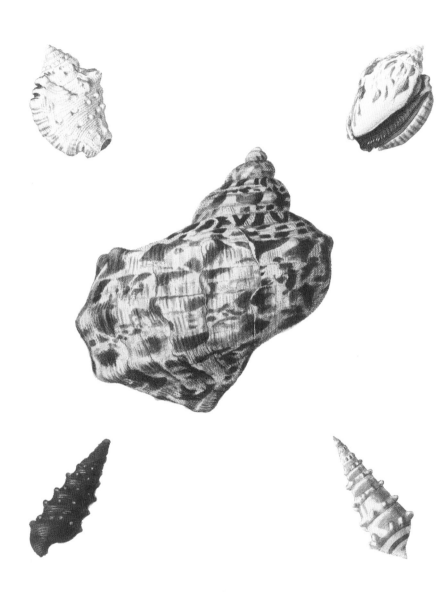

图 86
出自沙德洛克的收藏
约翰·克里斯托夫·凯勒写生
约翰·亚当·约宁格雕版

图 87
出自沙德洛克的收藏
约翰·克里斯托夫·凯勒写生
约翰·亚当·约宁格雕版

图 88
出自沙德洛克的收藏
约翰·克里斯托夫·凯勒写生
瓦伦丁·比朔夫雕版

94

图 89
出自沙德洛克的收藏
约翰·克里斯托夫·凯勒写生
瓦伦丁·比朔夫雕版

图 90
出自沙德洛克的收藏
约翰·克里斯托夫·凯勒写生
瓦伦丁·比朔夫雕版

海中的螺与贝

第四章

本章由格奥尔格·沃尔夫冈·克诺尔
于 1769 年在纽伦堡编纂

本章首页图片由约翰·克里斯托夫·凯勒设计并绘制
保罗·屈夫纳和古斯塔夫·菲利普·特劳特纳雕版

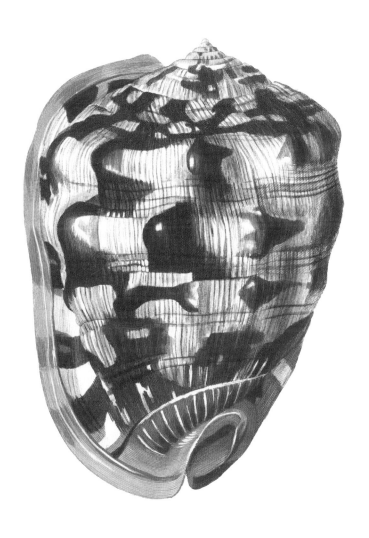

图 91
出自奥古斯特·马丁·沙德洛克先生的收藏
约翰·克里斯托夫·凯勒写生
瓦伦丁·比朔夫雕版

图 92

出自菲利普·路德维希·斯塔提乌斯·米勒先生的收藏
约翰·克里斯托夫·凯勒写生
瓦伦丁·比朔夫雕版

图 93

出自米勒的收藏

约翰·克里斯托夫·凯勒写生

瓦伦丁·比朔夫雕版

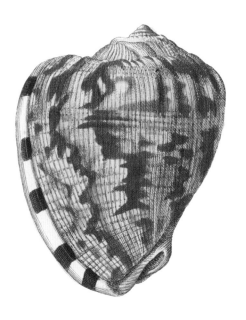

图 94
出自沙德洛克的收藏
约翰·克里斯托夫·凯勒写生
保罗·屈夫纳雕版

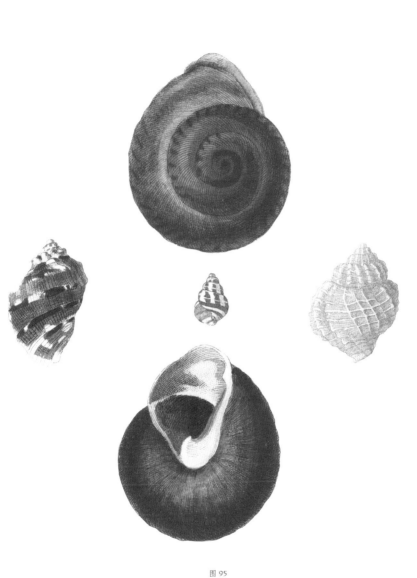

图 95

出自沙德洛克的收藏
约翰·克里斯托夫·凯勒写生
瓦伦丁·比朔夫雕版

103

图 96
出自沙德洛克的收藏
约翰·克里斯托夫·凯勒写生
约翰·亚当·约宁格雕版

图 97

出自沙德洛克的收藏

约翰·克里斯托夫·凯勒写生

约翰·亚当·约宁格雕版

105

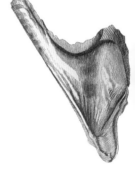

图 98
出自沙德洛克的收藏
约翰·克里斯托夫·凯勒写生
瓦伦丁·比朔夫雕版

图 99

出自米勒与佐默的收藏
约翰·克里斯托夫·凯勒写生
瓦伦丁·比朔夫雕版

图 100

出自沙德洛克的收藏
约翰·克里斯托夫·凯勒写生
安德烈亚斯·霍费尔版

图 101

出自沙德洛克的收藏
约翰·克里斯托夫·凯勒写生
安德烈亚斯·霍费尔雕版

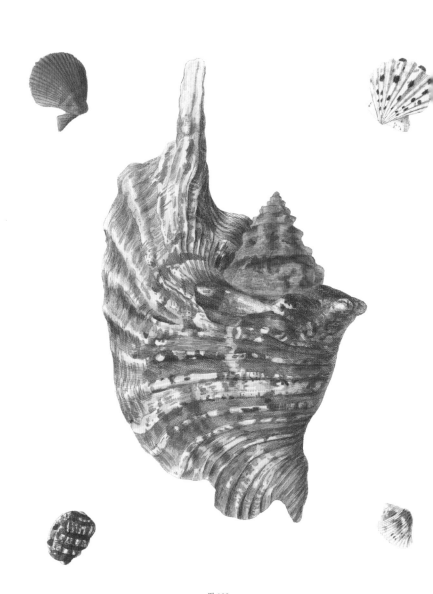

图 102
出自米勒的收藏
约翰·克里斯托夫·凯勒写生
瓦伦丁·比朔夫雕版

图 103

出自 J. H. 佐默先生的收藏

约翰·克里斯托夫·凯勒写生

瓦伦丁·比朔夫雕版

111

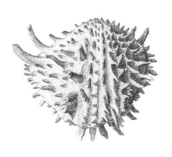

图 104
出自佐默的收藏
约翰·克里斯托夫·凯勒写生
保罗·屈夫纳雕版

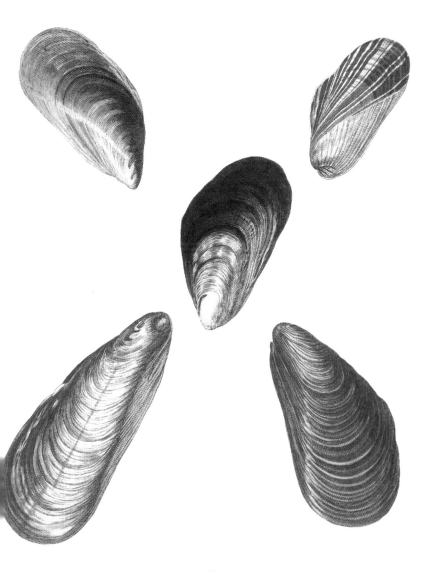

图 105
出自佐默的收藏
约翰·克里斯托夫·凯勒写生
安德烈亚斯·霍费尔雕版

图 106

出自米勒与佐默的收藏

约翰·克里斯托夫·凯勒写生

赫尔曼·雅各布·蒂罗夫雕版

图 107

出自佐默的收藏
约翰·克里斯托夫·凯勒写生
赫尔曼·雅各布·蒂罗夫雕版

115

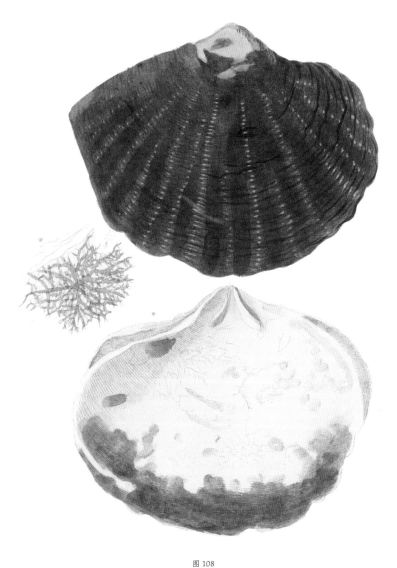

图 108
出自米勒的收藏
约翰·克里斯托夫·凯勒写生
瓦伦丁·比朔夫雕版

图 109
出自米勒的收藏
约翰·克里斯托夫·凯勒写生
约翰·亚当·约宁格雕版

图 110
出自沙德洛克的收藏
约翰·克里斯托夫·凯勒写生
瓦伦丁·比朔夫雕版

图 111

出自沙德洛克的收藏

约翰·克里斯托夫·凯勒写生

瓦伦丁·比朔夫雕版

119

图 112

出自沙德洛克的收藏
约翰·克里斯托夫·凯勒写生
安德烈亚斯·霍费尔雕版

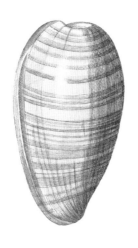

图 113
出自沙德洛克的收藏
约翰·克里斯托夫·凯勒写生
瓦伦丁·比朔夫雕版

图 114
出自沙德洛克的收藏
约翰·克里斯托夫·凯勒写生
瓦伦丁·比朔夫雕版

122

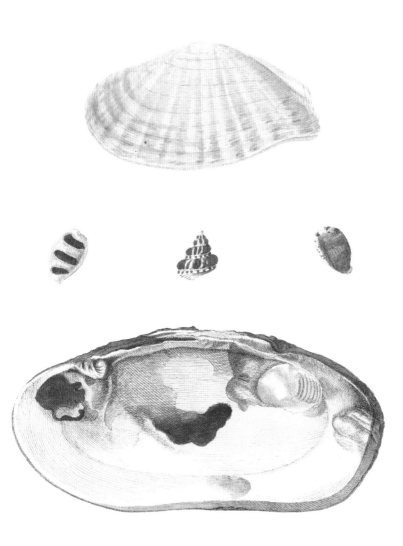

图 115
出自米勒的收藏
约翰·克里斯托夫·凯勒写生
约翰·亚当·约宁格雕版

123

图 116
出自沙德洛克的收藏
约翰·克里斯托夫·凯勒写生
瓦伦丁·比朔夫雕版

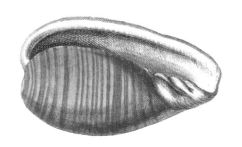

图 117

出自沙德洛克的收藏
约翰·克里斯托夫·凯勒写生
安德烈亚斯·霍费尔雕版

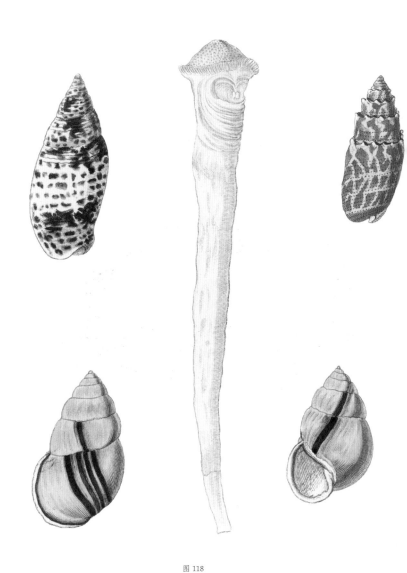

图 118

出自马尔滕·豪滕先生的收藏

古斯塔夫·菲利普·特劳特纳雕版

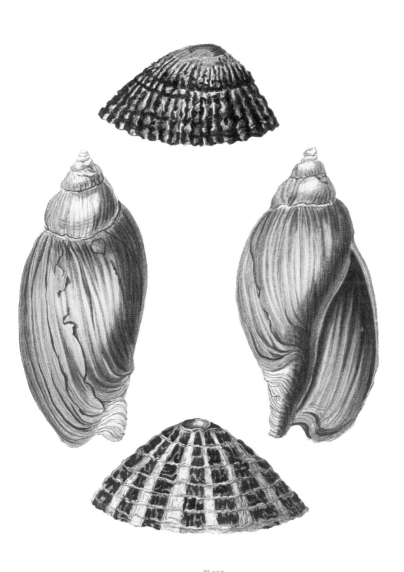

图 119

出自马尔滕·豪滕先生的收藏

安德烈亚斯·霍费尔雕版

图 120

出自马尔滕·豪滕先生的收藏

小雅各布·拉德米拉尔绘制

安德烈亚斯·霍费尔雕版

海中的螺与贝

第五章

本章由格奥尔格·沃尔夫冈·克诺尔
于 1771 年在纽伦堡编纂

本章首页图片由约翰·克里斯托夫·凯勒设计并绘制
保罗·屈夫纳和安德烈亚斯·霍费尔雕版

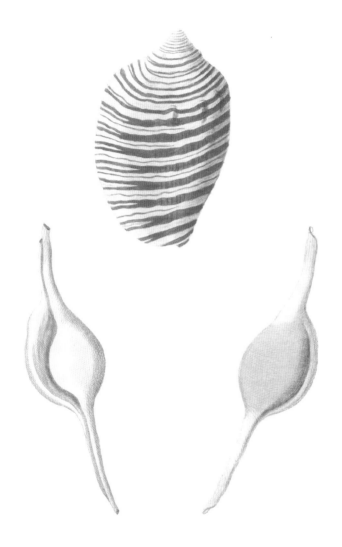

图 121

出自威廉·范德默伦先生的收藏

安德烈亚斯·霍费尔雕版

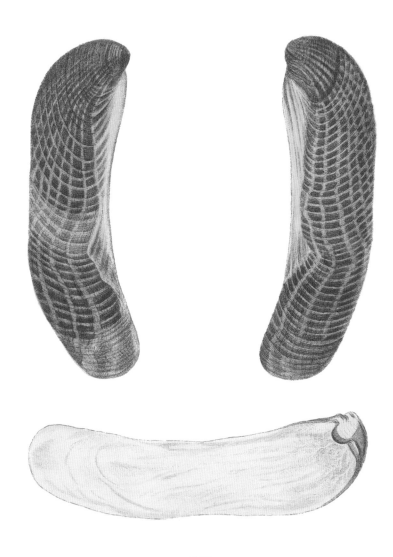

图 122

出自勃兰特先生的收藏

约翰·亚当·约宁格雕版

132

图 123

出自马尔滕·豪滕先生的收藏

约翰·亚当·约宁格雕版

133

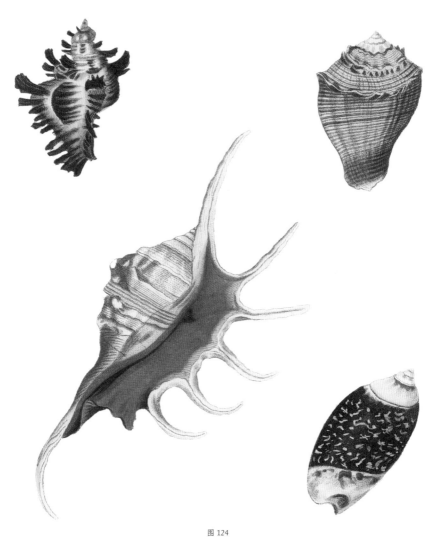

图 124

出自豪滕的收藏

约翰·亚当·约宁格雕版

图 125

出自豪滕的收藏

安德烈亚斯·霍费尔雕版

图 126
出自勃兰特的收藏
约翰·亚当·约宁格雕版

136

图 127

出自勃兰特的收藏

安德烈亚斯·霍费尔雕版

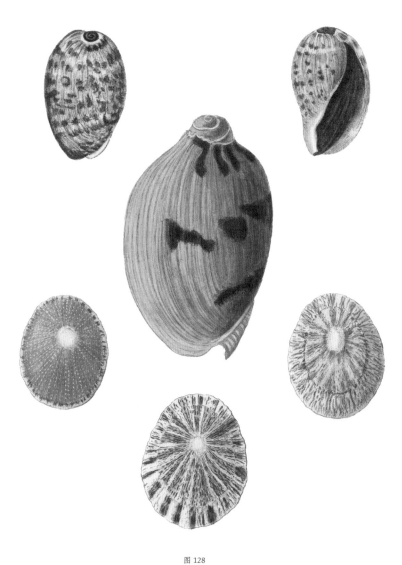

图 128

出自豪滕的收藏

古斯塔夫·菲利普·特劳特纳雕版

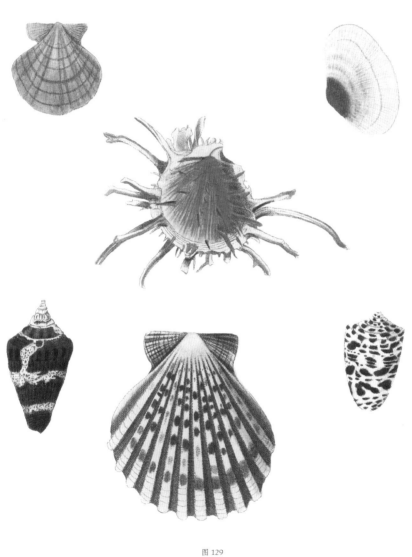

图 129
出自豪滕的收藏
约翰·亚当·约宁格雕版

图 130

出自豪滕的收藏
约翰·亚当·约宁格雕版

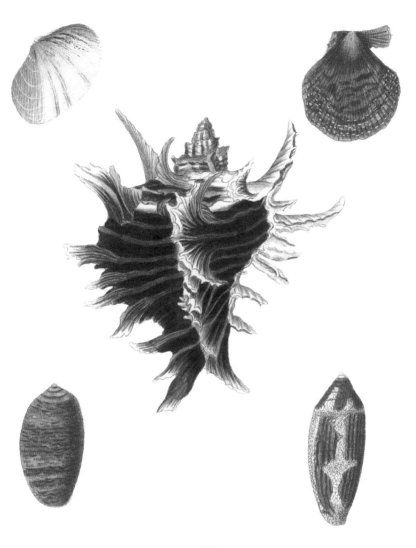

图 131
出自豪滕的收藏
古斯塔夫·菲利普·特劳特纳雕版

图 132

出自豪滕的收藏

雅各布 · 安德烈亚斯 · 艾森曼雕版

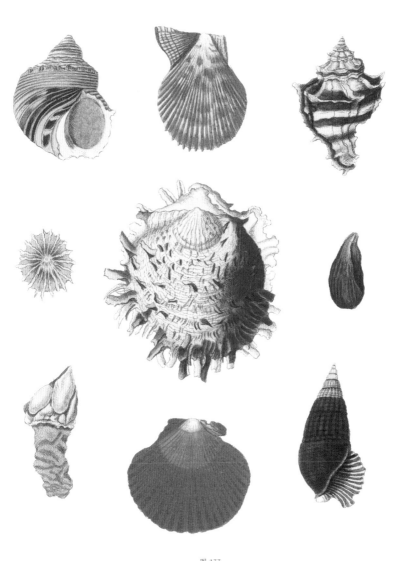

图 133
出自豪滕的收藏
古斯塔夫·菲利普·特劳特纳雕版

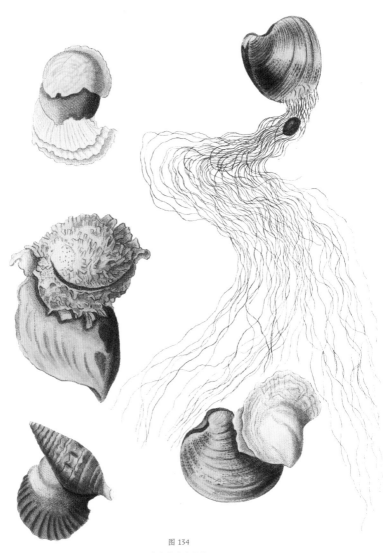

图 134

出自豪滕的收藏
约翰·亚当·约宁格雕版

144

图 135

出自豪滕的收藏

古斯塔夫·菲利普·特劳特纳雕版

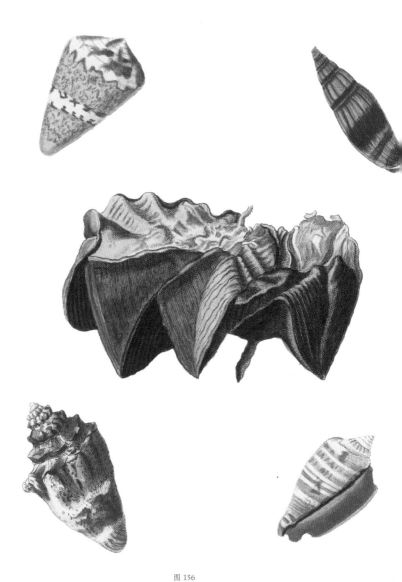

图 136
出自豪滕的收藏
古斯塔夫·菲利普·特劳特纳雕版

图 137
出自豪滕的收藏
古斯塔夫·菲利普·特劳特纳雕版

图 138

出自豪滕的收藏

雅各布·安德烈亚斯·艾森曼雕版

图 139
出自豪滕的收藏
雅各布·安德烈亚斯·艾森曼雕版

图 140

出自豪滕的收藏

古斯塔夫·菲利普·特劳特纳雕版

图 141
出自豪滕的收藏
安德烈亚斯·霍费尔雕版

151

图 142

出自豪滕的收藏

安德烈亚斯·霍费尔雕版

图 143
出自豪滕的收藏
古斯塔夫·菲利普·特劳特纳雕版

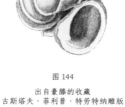

图 144
出自豪滕的收藏
古斯塔夫·菲利普·特劳特纳雕版

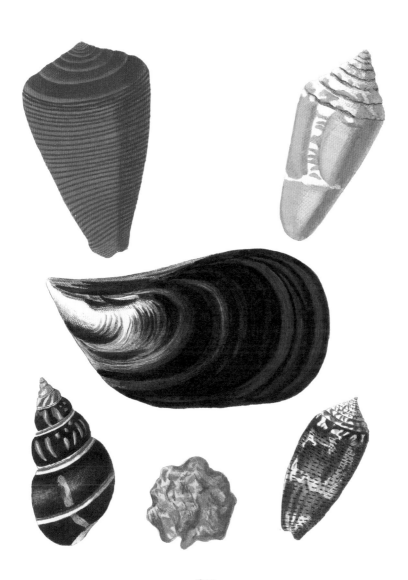

图 145

出自豪滕的收藏

安德烈亚斯·霍费尔雕版

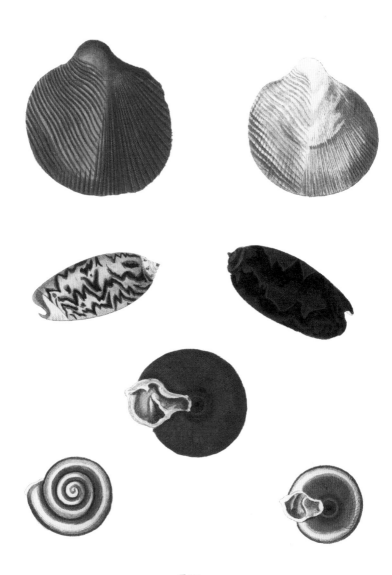

图 146
出自勃兰特的收藏
赫尔曼·雅各布·蒂罗大雕版

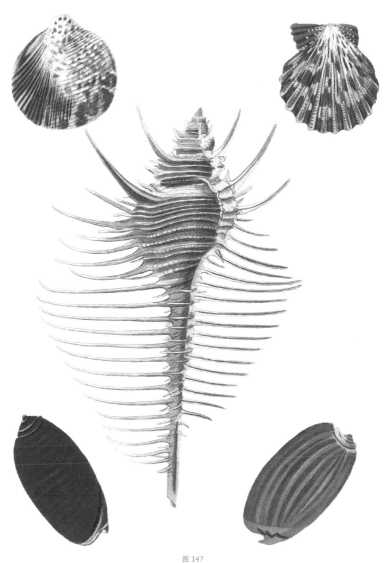

图 147

出自豪滕的收藏

安德烈亚斯·霍费尔雕版

图 148

出自豪滕的收藏

赫尔曼·雅各布·蒂罗夫雕版

图 149
出自豪滕的收藏
古斯塔夫·菲利普·特劳特纳雕版

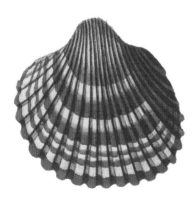

图 150
出自豪滕的收藏
古斯塔夫·菲利普·特劳特纳雕版

海中的螺与贝

第六章

本章由格奥尔格·沃尔夫冈·克诺尔
于 1773 年在纽伦堡编纂

本章首页图片由约翰·克里斯托夫·凯勒设计并绘制
瓦伦丁·比朔夫雕版

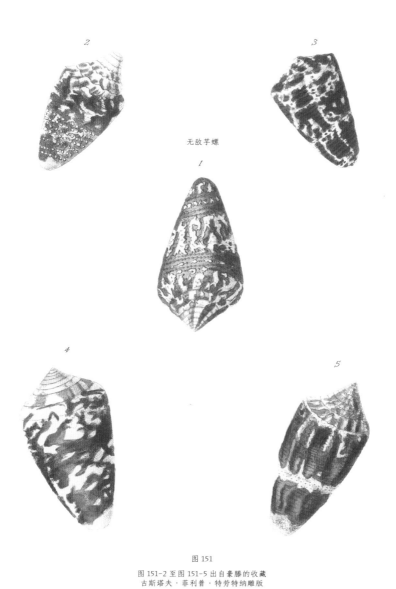

无敌芋螺

图 151

163

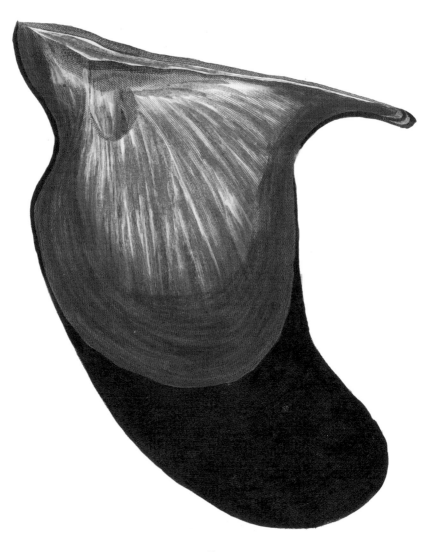

图 152

出自豪滕的收藏

安德烈亚斯·霍费尔雕版

图 153

出自豪滕的收藏
保罗·屈夫纳雕版

图 154
出自豪滕的收藏
雅各布·安德烈亚斯·艾森曼雕版

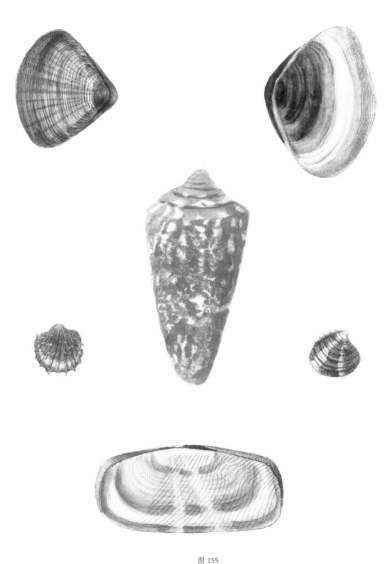

图 155
出自豪滕的收藏
古斯塔夫·菲利普·特劳特纳雕版

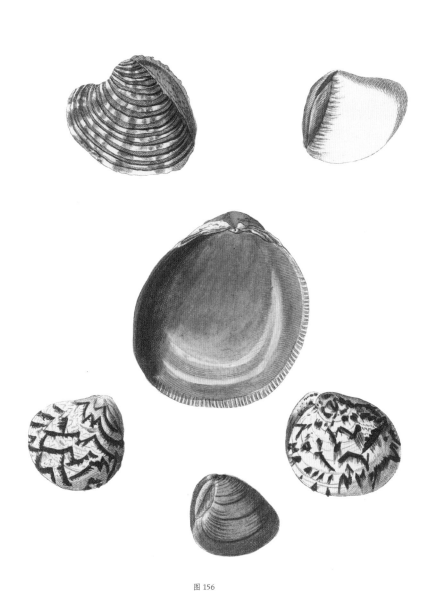

图 156
出自豪滕的收藏
安德烈亚斯·霍费尔雕版

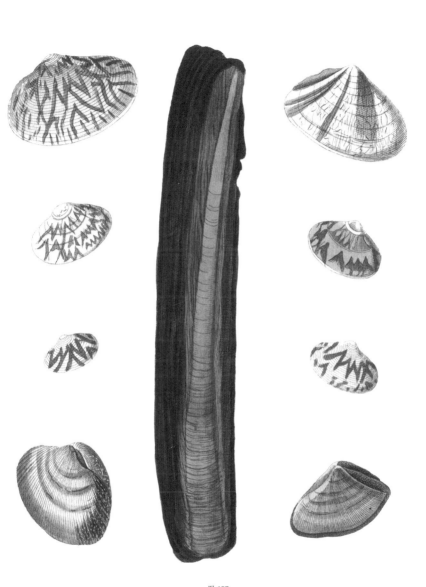

图 157
出自豪滕的收藏
雅各布·安德烈亚斯·艾森曼雕版

图 158

出自豪滕的收藏

约翰·亚当·约宁格雕版

图 159

出自豪滕的收藏

安德烈亚斯·霍费尔雕版

图 160

出自豪滕的收藏

雅各布·安德烈亚斯·艾森曼雕版

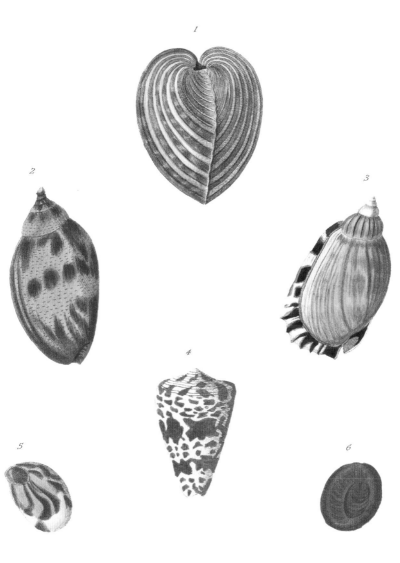

图 161
图 161-2 至图 161-6 出自豪滕的收藏
约翰·亚当·约宁格雕版

173

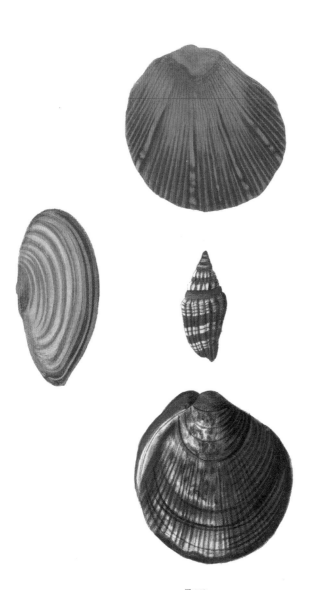

图 162
出自豪滕的收藏
雅各布·安德烈亚斯·艾森曼雕版

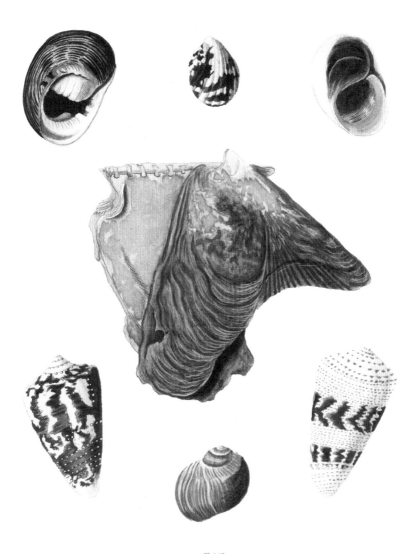

图 163
出自豪滕的收藏
古斯塔夫·菲利普·特劳特纳雕版

图 164
出自豪滕的收藏
古斯塔夫·菲利普·特芳特纳雕版

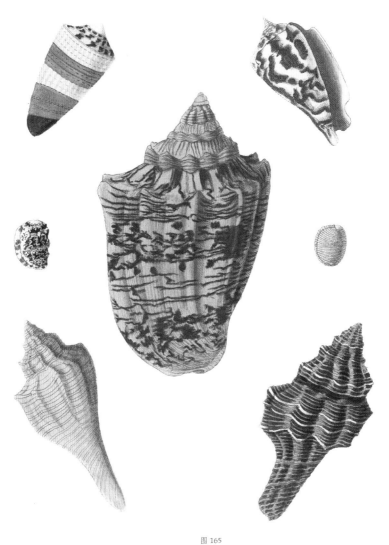

图 165
出自豪滕的收藏
古斯塔夫·菲利普·特劳特纳雕版

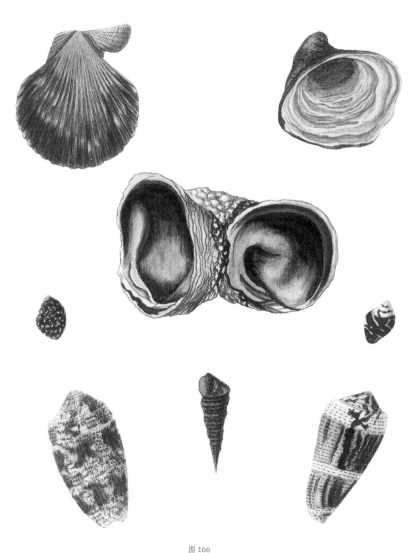

图 166
出自豪滕的收藏
古斯塔夫·菲利普·特劳特纳雕版

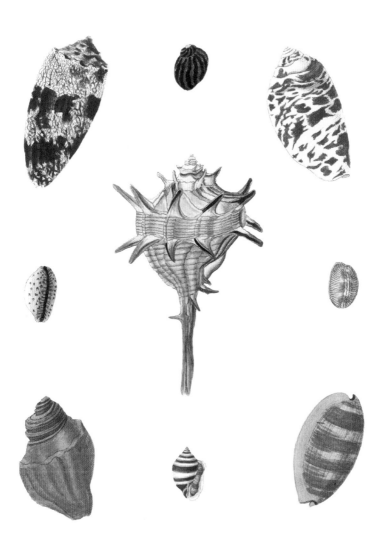

图 167

出自豪滕的收藏

古斯塔夫·菲利普·特劳特纳雕版

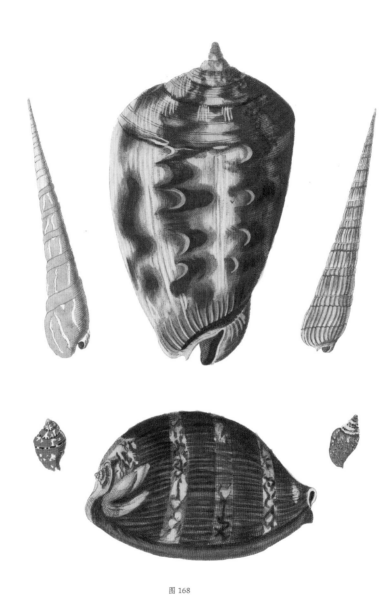

图 168

出自豪滕的收藏

雅各布·安德烈亚斯·艾森曼雕版

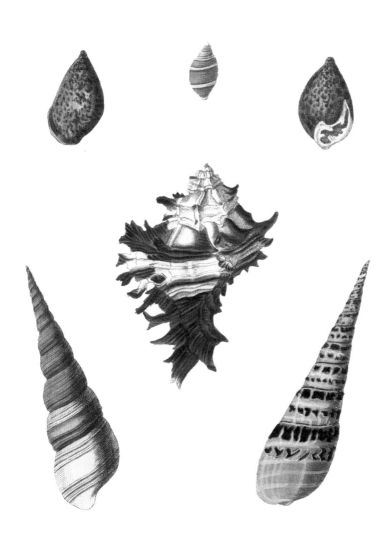

图 169

出自豪滕的收藏

保罗·屈夫纳雕版

图 170
出自豪滕的收藏
雅各布·安德烈亚斯·艾森曼雕版

图 171

出自豪滕的收藏

安德烈亚斯·霍费尔雕版

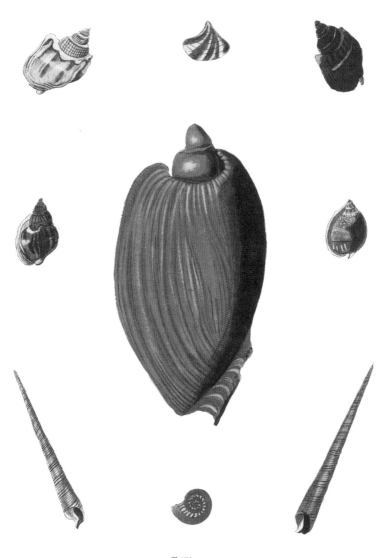

图 172

出自豪滕的收藏
安德烈亚斯·霍费尔雕版

图 173
出自豪滕的收藏
古斯塔夫·菲利普·特劳特纳雕版

图 174
出自豪滕的收藏
古斯塔夫·菲利普·特劳特纳雕版

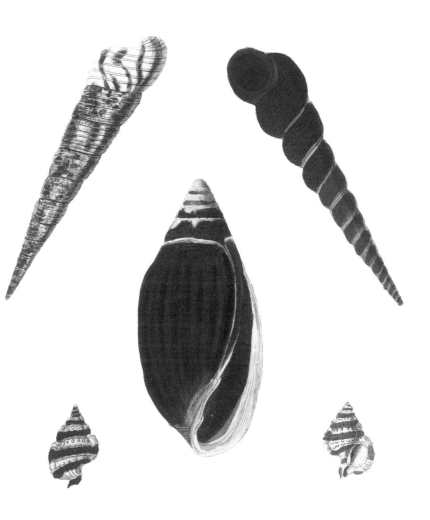

图 175

出自豪滕的收藏

安德烈亚斯·霍费尔雕版

图 176
出自豪滕的收藏
安德烈亚斯·霍费尔雕版

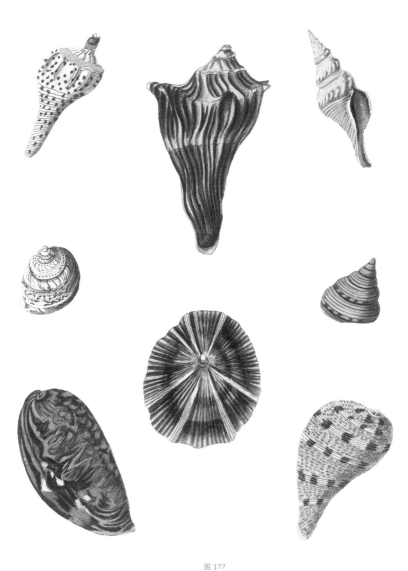

图 177
出自豪滕的收藏
雅各布·安德烈亚斯·艾森曼雕版

图 178

出自豪滕的收藏

安德烈亚斯·霍费尔雕版

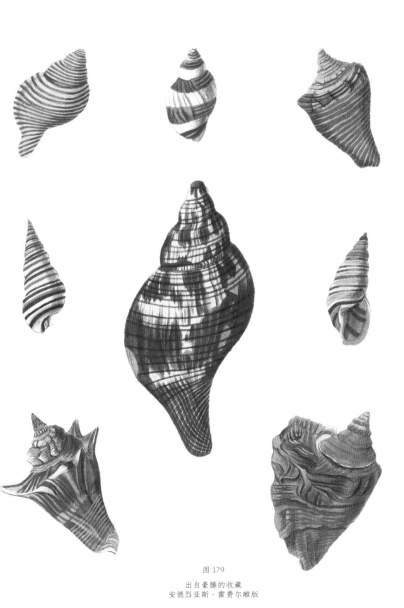

图 179

出自豪滕的收藏
安德烈亚斯·霍费尔雕版

图 180

出自豪滕的收藏

雅各布·安德烈亚斯·艾森曼雕版

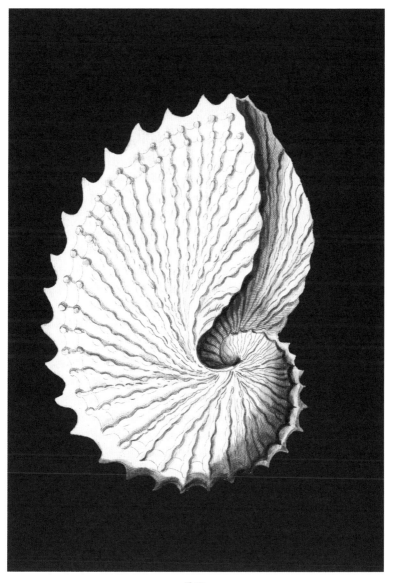

图 181

图 182

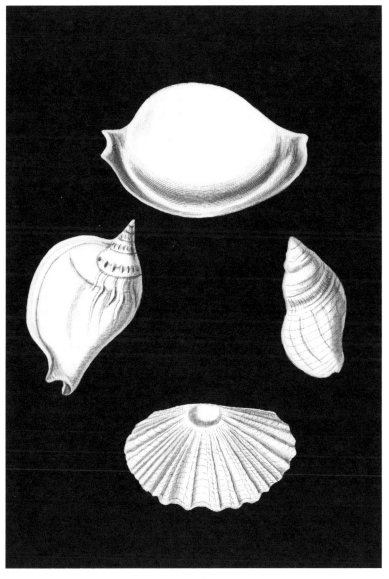

图 183

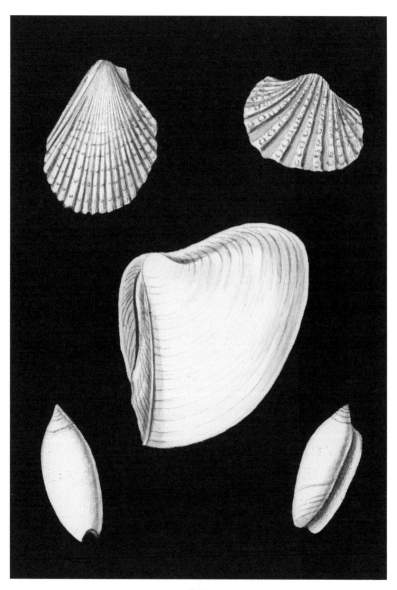

图 184

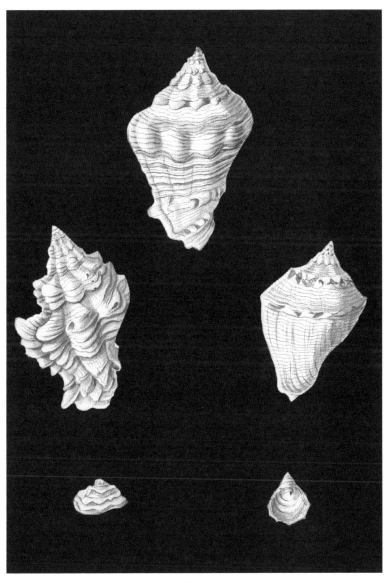

图 185

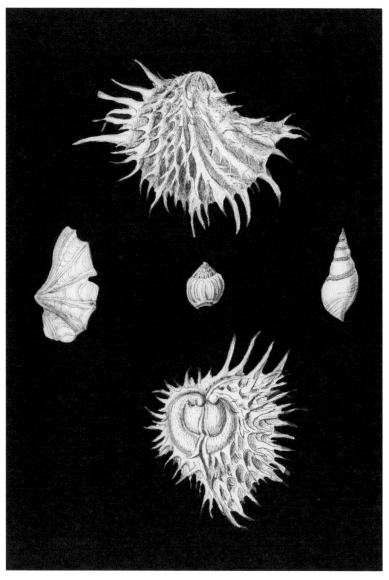

图 186

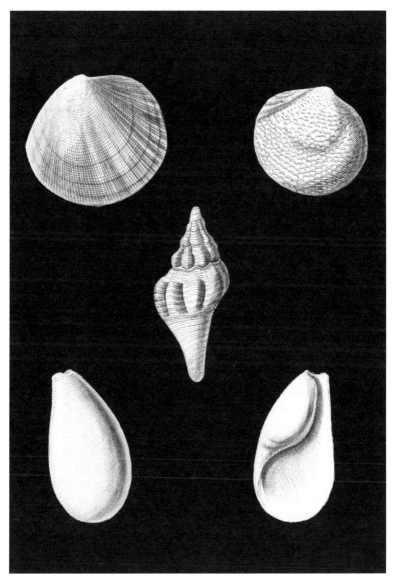

图 187

图 188

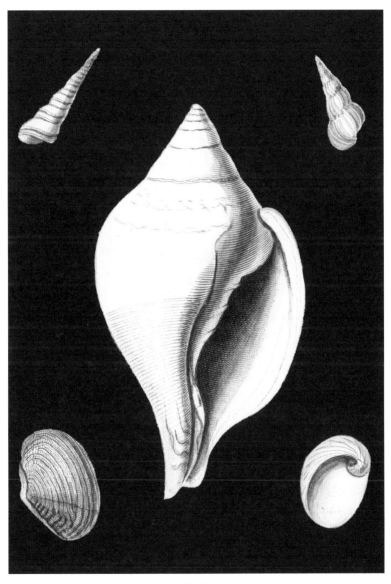

图 189

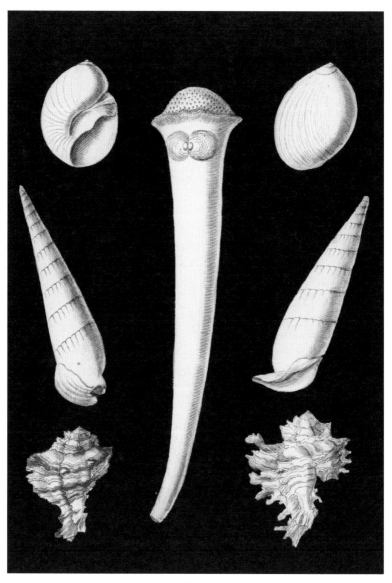

图 190

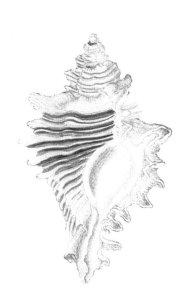

·译后记·

很难说人类对贝壳的兴趣是从何时开始的，也许就是从某个原始人在海边捡起一枚闪闪发光的贝壳的那一天。贝壳完美遵循数学法则的几何形外观和鲜艳的色彩，千百年来一直吸引着人类。贝壳除了装饰，还在祭祀、占卜等场合有重要意义。我们也知道，几乎所有大陆都曾有过使用贝壳作为货币的历史。

15—17世纪的地理大发现使世界逐渐联结成一个整体，这也是博物学乃至整个自然科学的"大发现"时期。在那个充满好奇心、殖民与掠夺的时代，欧洲人有机会一窥世界其他大陆的奇珍异宝。作为一种对个人品位、财富和社会声望的绝佳展示，欧洲的富商、贵族和学者热衷于收藏自然标本、艺术品以及科学仪器，逐渐发展私人收藏，这就是现代博物馆的重要前身——"珍奇屋"。许多收藏家也会把自己的收藏品编制成图鉴，制作了很多精美的博物学书籍。

欧洲人对贝壳收藏的狂热使得贝壳学研究在18世纪发展起来。欧洲各地，尤其是西欧，出版了大量的贝壳图鉴。18世纪下半叶，纽伦堡取代奥格斯堡，成为德国博物学书籍的生产中心。当地一位有名望的医生克里斯托夫·雅各布·特鲁（Christoph Jacob Trew，1695—1769年），召集了包括格奥尔格·沃尔夫冈·克诺尔（Georg Wolfgang Knorr，1705—1761年）在内的一群艺术家、手工业者与科学家。这个小团体为许多博物学书籍的绘图、雕版和上色做出了贡献。

《贝壳之美》就是在这样的背景下诞生的。本书原书名为《眼睛与心灵的愉悦：海中的螺与贝》，共6册，于1757—1773年间陆续出版。这些画作勾线精美，色彩浪漫而细腻。书中的大部分贝壳标本都来自德国与荷兰私人收藏家的"珍奇屋"，由画家依照标本实物绘制，手工业者（如雕版师，通常来自金匠家庭）在铜版上进行凹版雕刻后再上色，然后印刷在纸张上。有些作品从绘画、雕版至上色都由一人完成。本书中未标明"写生""雕版"等注释之处，可能为克诺尔对前人作品的临摹，这在当时是一种较为常见的做法。

在双名法受到广泛认同以前，贝壳学图册通常不会在图版上标注贝壳的名字，仅有一些特征名或描述性文字。翻阅全部图版，你会发现仅有一处留下了贝壳的名字。这是一枚有着黄色底纹、念珠状凸起、不规则的白色条纹和小斑纹的锥形芋螺，它的上方有一行文字："Cedo nulli"。这句话的本意是"我不屈服于任何人"，这枚芋螺也正是因其"海洋世界唯我独尊"的气质而得名。因此，有译者将它译为"无敌芋螺"，本书也沿用了这种译法。无敌芋螺主要分布于小安的列斯群岛和巴哈马群岛等地的热带浅海。1750 年，荷兰博物学家皮埃尔·利奥内（Pierre Lyonet）以 1500 法郎的高价购买一枚无敌芋螺，本书中出现的无敌芋螺正是按照这枚标本绘制的。现在，这枚无敌芋螺藏于日内瓦自然历史博物馆，它可能是欧洲博物馆中最古老的、认证真确的贝壳藏品。

这本小书中共收录了 190 张手绘贝壳铜版画，种类包括海扇、骨螺、芋螺等，涵盖腹足纲与双壳纲。在翻译的过程中，我发现当年这本书非常受欢迎，传播甚广，以至于除了德语原版，它还有法语和荷兰语版本。得益于这本小书的记录，在 200 多年后的今天，我们仍有机会走近 18 世纪的"珍奇屋"，感受贝壳的无穷魅力。

张小鹿

2023 年 3 月